COURTE INSTRUCTION

POPULAIRE

SUR LA

CULTURE DES MURIERS,

LES MAGNANERIES

ET

L'ÉDUCATION DES VERS A SOIE.

SITUATION

DE CETTE BRANCHE D'INDUSTRIE, DANS L'ARRONDISSEMENT

DE BELLEY, EN 1836 ;

Par M. L......

BELLEY.

IMPRIMERIE DE J.-B. VERPILLON.

1836.

DES MURIERS,

DES

MAGNANERIES ET DES VERS A SOIE,

DANS L'ARRONDISSEMENT DE BELLEY,

EN 1836.

INTRODUCTION.

LA culture des Mûriers a pris, dans l'arrondissement de Belley, un accroissement considérable surtout depuis 1830.

Les produits en blés et en vins n'y couvrent le cultivateur, de ses dépenses, que sur quelques parties privilégiées du sol : le Mûrier lui offre un dédommagement.

Les plantations faites ont eu, pour résultat jusqu'à ce jour, une progression égale dans les nourritures de vers à soie, et par suite dans la quantité des soies indigènes ; mais au lieu d'une surabondance de cette matière la consommation s'en est accrue, et l'industrie s'est trouvée attirée plus fortement vers cette source de richesses.

Il y a loin de cet état de choses à la nullité des produits, que présagent quelques personnes, de nos nouvelles plantations.

Lyon, la 2me ville de France et la 1re du monde commerçant par la célébrité de ses manufactures de soieries, nous indique assez ce que notre voisinage, nos relations journalières, nos intérêts déjà confondus ont à gagner en marchant à côté d'elle dans les progrès de cette industrie.

Les besoins des fabriques exigent l'introduction en France des soies étrangères pour une valeur de 40 MIL-LIONS.

Il est difficile d'arriver bientôt à faire produire les quantités qui représentent cette énorme valeur, surtout en raison de ce que tous les climats ne conviennent pas au Mûrier, et tous les sols ne lui sont pas également propices.

Pour l'arrondissement de Belley, composé de 112 communes, cet arbre n'est cultivé que dans 70, et on n'élève encore des vers à soie que dans 55.

Des autres, il en est qui sont en arrière; il s'en trouve aussi où probablement ce genre de production ne pourra pas s'établir.

Les états officiels dressés depuis 22 ans donnent les résultats suivants:

Années.	Nombre de Mûriers existants.	Quantité de kilog. de Cocons.	Quantité vendue en Cocons.	Prix des Cocons.		Quantité vendue en Soie.	Prix du kil. de Soie.		Nombre de nourrit. de Vers à Soie.
1814	«	2100	«	«	«	«	«	«	
1815	«	2350	«	«	«	«	«	«	
1816	«	1000	«	«	«	«	«	«	
1817	«	8000	«	«	«	«	59	«	
1818	«	10000	«	«	«	«	59	«	
1819	«	«	«	«	«	«	«	«	
1820	25225	«	«	«	«	«	«	«	
1821	26980	6150	«	«	«	614	45	«	
1822	29157	5050	«	«	«	506	58	«	
1823	51700	10000	100	2	50	900	55	«	
1824	54660	12000	200	5	«	1000	37	«	
1825	58010	12500	100	5	«	1100	37	«	
1826	41765	19000	200	5	50	1700	44	60	
1827	45870	20000	100	5	20	1900	44	20	
1828	50425	20000	100	5	20	1900	58	10	
1829	55580	20500	100	5	25	1900	58	80	
1830	60740	20500	100	5	20	1900	34	55	
1831	66500	25256	520	5	«	2020	40	«	
1832	70568	26776	500	5	«	2377	58	«	
1833	80515	45855	645	5	50	5740	46	«	
1834	90479	52746	122	5	«	5152	60	«	
1835	99195	56606	161	4	«	5499	55	«	660

OBSERVATIONS.

Dans cet état ne sont pas comprises les quantités employées annuellement à la reproduction; il en est fait abstraction aussi dans les calculs auxquels cet état sert de base, ce serait 1/70 à ajouter.

L'année 1833, a donné un produit extraordinaire, le terme moyen a été de 100 liv. de cocons par once de graines; et pour les autres années il est de 70 liv.

Malgré ses progrès, malgré la multitude d'intérêts qui s'y rattachent et le nombre d'individus qui s'en occupent, cette industrie n'est ici qu'à son état d'enfance, elle y a besoin d'aide et de conseils, c'est le but de cet ouvrage. Il sera divisé en trois parties : la 1re relative aux Mûriers ; la 2me aux Magnaneries ; et la 3me aux Vers à soie.

PREMIÈRE PARTIE.

DES MURIERS.

Nous allons indiquer en autant de paragraphes : 1° L'exposition qui leur convient ; 2° le Sol à préférer ; 3° les différentes Manières de les multiplier par semis, marcottes et boutures ; 4° l'établissement des Pépinières ; 5° les différentes espèces de Mûriers et les plus convenables au pays ; 6° leur Greffe ; 7° leur Plantation ; 8° leur Taille ; 9° la Récolte des feuilles ; 10° et les Conditions de la location.

§ I. — L'EXPOSITION QUI LEUR CONVIENT.

L'exposition d'une plantation concourt beaucoup à la bonne qualité des feuilles, c'est là un des moyens de succès des Vers à soie ; il ne doit pas être négligé.

A une exposition humide, sujette aux brouillards, aux bords d'une rivière, d'un étang ou d'un marais, les feuilles sont peu substantielles, elles se tachent, se rouillent ou se couvrent de manne ; si cette exposition est sujette aux blanches gelées du printemps, les premières poussées sont souvent détruites et les secondes naissent inférieures en qualité et en quantité, et arrivent trop tard ; le long des routes fréquentées elles se couvrent de poussière.

Les expositions préférables pour les plantations qu'on projette, sont celles abritées, les mi-côteaux que frappe bien le soleil et où la vigne réussit, les bords de vignobles, mieux encore les lignes de hautins, les jardins, les cours et l'intérieur des villages ; il existe d'excellentes positions dans cet arrondissement.

On peut citer comme extraordinaire la plantation de M. Cuny-Ravet, à Lochieux, en dessous de la région des forêts de sapins ; on peut remarquer aussi, quoique dans une température différente, mais à un horizon très-restreint, celle de M. Meygret-Collet, à La Burbanche.

Divers écrits ont signalé les résultats obtenus par M. Beauvais, à Senard, près Paris ; le Mûrier s'est (dit-on), avancé jusqu'aux régions glacées de la Suède ; il faut en conclure que, dans les localités considérées comme rebelles à ce produit, on peut trouver encore des expositions heureuses et y tenter des essais ; il serait cependant à craindre qu'ils fussent sans résultat dans plusieurs communes du canton d'Hauteville, et peut-être dans quelques-unes du canton de Champagne.

Il est peu probable que la région des forêts de sapins soit convenable aussi au Mûrier, d'ailleurs où l'une de ces branches de produits peut exister, on ne doit pas beaucoup envier l'autre.

§ II. — DU SOL.

Il faut au Mûrier un sol profond , sec, ni trop léger ni trop compacte ; il se plaît dans celui pierreux, ne réussit pas dans un trop graveleux, et ne résiste que pendant peu d'années dans celui glaiseux.

Un effet de l'agriculture est de modifier la nature d'un sol par le travail , par des mélanges, par des fossés et des canaux, par des transports de terres, de décombres, de graviers et de pierres, et c'est pour une plantation que ces moyens de l'art sont le plus utilement employés.

Les terrains abandonnés ne conviennent pas à cet arbre , de fréquents labeurs lui sont nécessaires et il ne peut s'en passer que dans les cours.

§ III. — DES DIFFÉRENTES MANIÈRES

DE MULTIPLIER LES MURIERS.

Les Mûriers se multiplient par les semis, les marcottes et les boutures.

Par semis on peut avoir des variétés nouvelles, mais trop rarement on obtient une amélioration : les marcottes et boutures reproduisent toujours la même qualité.

Ces trois opérations seront l'objet des trois articles suivants ; la Greffe qui est pratiquée dans le but de propager les meilleures espèces sur d'autres , sera l'objet d'un paragraphe spécial.

ART. 1.ᵉʳ DES SEMIS.

Si l'on semait dans le but d'une plantation projetée, on retarderait ses jouissances indéfiniment : il vaut mieux acheter de la pourette de Mûriers pour établir de suite une Pépinière, et des arbres pour faire une plantation. Néanmoins on doit semer en même temps qu'on plante, soit pour remplacer plus tard les pertes, soit pour de nouvelles entreprises, soit pour se ménager des ressources.

Les graines de Mûriers s'extraisent des mûres en les écrasant, pétrissant et lavant à plusieurs eaux, dans un vase au fond duquel elles restent.

On peut les semer de suite, même sans les laver, en les étendant sur de mauvaises toiles claires qu'on enterre avec elles, on peut aussi ne faire son semis qu'au printemps suivant, alors pour conserver ses graines on les fait sécher au grand air après le lavage.

Leur petitesse indique qu'elles doivent germer presqu'à la surface de la terre.

Après avoir d'avance préparé son terrain dans une planche de jardin, l'avoir plusieurs fois labouré pour le rendre meuble et pour le purger des mauvaises plantes, on y répand ces semences qu'on recouvre immédiatement d'une légère couche de terre mélangée de terreau.

De fréquents arrosements étant nécessaires, surtout pour

le semis d'été, afin de le faire germer, il est indispensable, pour que le terrain ne soit pas trop plombé, par ces arrosements, de le recouvrir ou de grande mousse, ou de paille coupée qu'on enlève quand les Mûriers commencent à paraître.

Quelque soin qu'on ait pris, il croît encore beaucoup d'herbe qu'on est obligé d'arracher souvent; on éclaircit ensuite le semis au printemps.

Il faut au moins trois ans avant d'avoir des plants semés propres à être mis en pépinière, dans cet état, ils prennent le nom de pourette de Mûriers, on arrache par *éclaircie*, les plus beaux après un bon arrosement, on laisse les autres croître en place pendant une année ou deux, et devenus assez forts, on les arrache tous à la bêche.

ART. 2. DES MARCOTTES.

Pour opérer par ce procédé, on doit choisir un arbre greffé au pied, qu'on tronque au printemps au-dessus de sa greffe afin d'avoir des sujets en bonne qualité, francs de pied, ce tronc pousse une grande quantité de jets vigoureux qu'on marcotte à la fin de l'automne, ou au printemps.

Alors, on enlève la terre à environ 50 centimètres autour de ce tronc garni de jets, on en met un peu de nouvelle, mélangée de terreau, au fond du creux et on couche dedans ces jets à égale distance les uns des autres, on leur fait une ou plusieurs incisions, à moitié de leur épaisseur, surtout à l'endroit où ils doivent être coudés, on les fixe sur la terre nouvelle, on en relève les bouts, et après avoir comblé le creux on les taille sur deux yeux.

On laisse ainsi les Marcottes pendant deux ans, ayant soin de les arroser et tailler, afin que des racines poussent sur les incisions qu'on leur a faites; à la 5me année on les détache en les coupant près du tronc auquel elles étaient adhérentes, les laissant toujours en place; à la 4me année, on défonce son terrain autour du même tronc, on enlève les Marcottes, on couche à leur place les jets poussés sur le tronc dans l'année, en procédant de la même manière.

Les arbres venus des Marcottes, sont présumés moins robustes que ceux obtenus au moyen des semis.

ART. 3. DES BOUTURES.

On ne multiplie ordinairement par bouture que le Mûrier multicaule ; après avoir préparé son terrain, l'avoir mélangé d'un peu de terreau, on coupe les branches dont on veut faire des boutures, on les affranchit par le bas sur un nœud, ou un œil, on les enfonce dans la terre de manière que deux ou trois yeux en soient recouverts, et deux hors de terre ; les boutures les plus sûres sont celles prises à la jonction de deux branches, en éclatant le nœud qui les unit.

Elles se plantent à un décimètre l'une de l'autre, on les arrose convenablement et bientôt on les voit pousser des jets qui, pour le Multicaule, atteignent la première année un mètre et plus de long, et croissent avec une telle rapidité qu'à la troisième année elles peuvent être mises en pépinière.

§ IV. — DE LA PÉPINIÈRE.

Pour une bonne pépinière il faut un sol de choix, nouvellement miné et convenablement préparé.

Les arbres d'une pépinière en mauvais sol sont chétifs et languissants, se couvrent de mousse et ne font jamais de beaux arbres.

Ceux des pépinières en terrain trop meuble ne peuvent plus convenir dans les autres sols de moindre qualité.

Lorsqu'on crée une pépinière pour soi, on l'établit dans un terrain de la nature de celui où, plus tard, on doit faire ses plantations.

Beaucoup de jardiniers croient devoir couper les racines des pourettes qu'ils mettent en pépinière, nous n'approuvons pas cet usage quoique nous comprenions les raisons qui le justifient.

Le Mûrier, arbre pivotant, semble devoir être de haute tige, l'homme le dispose à donner des branches latérales et en fait un arbre de basse tige , afin d'augmenter ses produits en feuilles ; attaquer ses dispositions naturelles par les racines paraît conséquent , car tout tend à établir que le système des racines est influent sur celui des branches, et qu'en opérant un changement dans une des parties, on le fait réagir sur l'autre.

Quoiqu'il en soit , nous nous sommes bornés à déplacer les racines , mettant toujours un grand soin à les conserver et nos arbres ont été très-vigoureux.

Les racines sont l'organe de la vie et le principal de la force de végétation des arbres ; dès-lors on ne doit point en supprimer.

Pour établir une Pépinière suivant cette méthode, on procède ainsi : 1° Le terrain miné et bien préparé d'avance est sillonné de petits fossés, de la largeur de la pelle à bêcher , et peu profonds , à la distance de 60 centimètres les uns des autres ; 2° on déplante ses pourettes , on les nettoie et on les taille au premier ou second nœud ; 3° on range les racines dans ces sillons de manière qu'elles s'y trouvent allongées et non plus enfoncées en pivot , si elles sont doubles, ce qui arrive souvent, on en étend une d'un côté et une de l'autre, dans le cas contraire, on met le pivot en rond , le disposant , autant que possible , à produire une seconde racine tournant du côté opposé à celle qui existe, et on fait tomber de la terre dessus ; 4° lorsque toutes les pourettes sont en place, on nivelle le terrain de la Pépinière et on aligne encore sa plantation.

Il est essentiel que la tige soit dans la Pépinière à la même profondeur qu'elle était dans la planche du semis, une couleur différente indique la partie du plant destinée à exister dans la terre, et la partie qui doit être en dehors.

Il ne faut détruire aucun des jets la première année , on se contente de piquer, ou labourer à peu de profondeur toute la Pépinière, deux fois.

La seconde année on rabat les tiges sur le plus joli jet ;

il y a des sujets chétifs qu'on doit couper rez terre pour leur faire repousser un jet vigoureux.

Dès la 2me année on peut commencer à greffer au pied les sujets les plus forts, mais c'est ordinairement après 3 à 4 ans qu'on greffe toute la Pépinière, on laisse fortifier les plants en les cultivant, on forme ensuite ses arbres par la taille, on les met à la hauteur qu'on juge convenable et on les dispose à prendre deux ou trois branches latérales; trois sont préférables à tout autre nombre, et deux, à quatre.

Quelques sujets croissent plus vite et se trouvent conséquemment en état d'être plantés avant les autres, ils sont considérés comme arbres du premier choix; on doit prendre soin en les faisant déplanter de ne pas offenser leurs racines ni celles des autres; cette opération est importante, le Maître a intérêt d'y assister.

Lorsqu'on achète des arbres, on doit rechercher les beaux sujets venus en mauvais fond.

§ V. — DES DIVERSES ESPÈCES

ET DES PLUS CONVENABLES.

C'est ici le lieu d'indiquer les espèces de Mûriers à préférer, parce qu'il est facile de leur faire prendre la qualité qu'on veut avoir au moyen de la greffe; nous nous occuperons seulement de celles propres à la nourriture des vers à soie.

Parmi les espèces qui leur conviennent, il est un choix à faire. Le Mûrier comme la vigne, à laquelle il a été souvent comparé, doit être approprié au pays, ainsi on exclura du nôtre le Mûrier à feuilles très-épaisses, qui est le plus estimé dans la Provence et probablement dans tout le Midi.

La raison de cette exclusion vient de ce que chez nous où la température est plus douce que dans le Midi, cette feuille y est trop aqueuse, n'a plus les qualités que peuvent lui faire acquérir de fortes chaleurs.

Celui à petites feuilles sauvages qui peut convenir à

d'autres pays n'est plus admis dans le nôtre, on s'en est contenté dans le principe, mais actuellement il est repoussé par tous ceux qui élèvent des vers à soie, tant parce qu'on trouve ces feuilles maigres, que parce qu'il faut plus de travail et plus de temps pour les cueillir; il devrait être recherché dans le Nord.

On a approprié à notre localité plusieurs variétés de Mûriers à feuilles arrondies, d'une largeur et d'une épaisseur moyennes, plus ou moins vertes et peu découpées; les mûres en sont blanches, roses ou violettes ; on les nomme, improprement peut-être, Mûriers roses, les branches en sont pour quelques-unes très-droites et pour d'autres plus rameuses; on peut choisir dans ces variétés ou les prendre toutes ; le Mûrier à branches droites et dont l'écorce est plus brune que celle du Mûrier à branches rameuses, est plus sujet à la gelée des bouts des branches, mais la vigueur de ses jets dédommage celui qui les cultive et réduit ses soins à rabattre au printemps ces bouts gelés.

Le Mûrier multicaule a été préconisé par les uns et décrié par les autres; c'est une espèce nouvelle et dans tous les cas précieuse, elle n'est pas encore très-répandue dans notre pays et je crois devoir la signaler particulièrement.

C'est M. Perrotet qui a découvert et introduit ce Mûrier en Europe ; il est un des fruits utiles du voyage exécuté en 1819 et 1820, par ordre du Gouvernement, dans l'intérêt de nos Établissements coloniaux et pour la propagation des plantes exotiques. (1)

Cet arbre croît rapidement, se propage de boutures, ses branches sont tortueuses, il produit des feuilles minces d'une grandeur extraordinaire, on en a vu de 50 centimètres de long et 20 de large, elles se coquillent; il est possible que cette espèce convienne parfaitement dans quelques localités; ici les expériences nécessaires n'ont pas eu lieu

---

(1) M. d'Angeville, notre député, était un des Officiers de marine attachés à l'expédition.

de manière à pouvoir décider la question, mais tirant induction du peu d'épaisseur des feuilles, elles conviendraient aux pays plus au nord, si l'arbre supportait une basse température.

Nous en avons fait des boutures, nous l'avons greffée sur des sujets du pays, et toujours avec succès ; en greffant le Mûrier rose sur le multicaule, on aurait une Pépinière en moins de temps qu'en semant des mûres ; reste à éprouver si ces arbres seront robustes (1).

§ VI. — DES GREFFES.

Rien ne s'oppose à ce que l'on applique au Mûrier tous les genres de greffes pratiqués pour les autres arbres, mais ordinairement cette opération se fait en flûte ou en écusson pendant presque toute la belle saison ; il faut néanmoins se hâter au printemps pour profiter de l'instant où la sève entre en mouvement, un intervalle de suspension arrive ensuite entre le temps où les yeux de l'année précédente, se développent et celui où les yeux nouveaux ont pris de la consistance ; pour conserver pendant quelques jours des yeux anciens, on coupe les branches dont on veut tirer des greffes au moment de la sève, et on les tient au frais à la cave dans le sable.

Deux hommes habiles font par jour de 300 à 500 greffes, et on peut espérer 120 jours propices dans l'année.

Elles se posent au pied des jeunes sujets ou sur leur tige lorsqu'elle est déjà élevée, ou sur les branches des arbres formés.

Lorsqu'on veut greffer un arbre, il faut d'abord le nettoyer avec la serpette de toutes ses branches inutiles, et raccourcir celles qu'on destine à être greffées ; comme la taille ralentit le cours de la sève, on ne passe d'un arbre à l'autre, qu'après avoir tout fini pour le premier.

---

(1) M. Bonafous, savant et agronome piémontais, qui visite notre localité en ce moment, annonce qu'il a fait greffer ainsi d'autres espèces, sur des boutures de Multicaule, avant de les mettre en terre, et que cette opération a parfaitement réussi.

Les arbres greffés doivent être visités tous les huit jours, pour enlever les yeux qui naissent au détriment des greffes, pour remplacer immédiatement celles qui périssent et pour donner des appuis à celles qui poussent, afin de les assurer contre l'orage qui les casse aisément.

On greffe plus de branches que l'on ne doit en laisser, c'est une précaution pour le cas où quelques-unes ne réussiraient pas, et avec l'habitude, on les dispose de la manière la plus convenable à la forme de l'arbre.

Ce qui précède s'applique aux diverses méthodes ; nous allons indiquer les procédés pour chacune en ce qu'elles diffèrent.

1.º DE LA GREFFE EN SIFFLET.

Pour ce genre de greffes : 1º on prend une branche du sujet dont on veut avoir l'espèce, de la même grosseur que celle à greffer, on coupe le sommet de cette branche à 6 centimètres au-dessus de l'œil qui doit être placé, on fait avec le greffoir une incision circulaire sur l'écorce de cette branche à 4 centimètres en dessous du même œil, on prend entre les doigts cette partie de l'écorce qui est au-dessus de l'incision circulaire, de manière à ne pas offenser l'œil et à empêcher qu'elle éclate, et avec l'autre main on tourne la branche, la partie d'écorce se détache au-dessus de l'incision, et on la sort comme font les enfants pour les sifflets en saule.

2º On fend transversalement en quatre, avec la pointe du greffoir et on soulève l'écorce de la branche à greffer, on fait entrer le sifflet sur le bois en tournant son œil du côté qu'on veut avoir le jet nouveau ; il faut que le sifflet soit adhérent par le bas à l'écorce non-soulevée du sujet greffé, qu'il soit joint au bois de la branche dans laquelle on le fait entrer ; peu importe qu'il reste plus ou moins de bois blanc et nu au-dessus, mais s'il n'était pas assez enfoncé, il formerait un entonnoir pour l'eau des rosées et des pluies, ce qui serait préjudiciable non-seulement à la greffe mais aussi à l'arbre.

5° On relève les peaux écorchées de la branche et on les attache afin d'éviter que les mouvements donnés par les orages ou d'autres causes, ne fassent suivre l'écorchure plus bas.

Cette dernière opération se fait de manière que les peaux ni la ligature ne soient pas nuisibles au nouveau jet et qu'elles le protègent.

2.° DE LA GREFFE EN ÉCUSSON.

Elle est la plus facile et la plus usitée.

Après que les branches qui doivent recevoir les greffes ont été choisies et disposées comme il est dit plus haut, on fait à la place la plus lisse deux incisions croisées avec le greffoir, en forme de ⊤ , puis on soulève avec la queue du greffoir les angles qui en résultent afin d'introduire l'écusson dessous.

Cette première opération terminée, on passe à la seconde qui consiste à prendre la branche de l'espèce que l'on veut avoir, y faire, avec la lame du greffoir, autour d'un œil, trois incisions en forme d'écusson ▽ , l'enlever en appuyant dessus le pouce, de manière à assurer l'œil, tandis que de l'autre main on tient un des bouts de la branche ; un léger mouvement des deux mains, en sens contraire, détache l'écusson. Il faut que l'œil reste garni de l'obier qui est dessous, autrement il pourrait se trouver altéré.

La 3ᵐᵉ opération consiste à introduire l'écusson sous l'écorce, par l'incision pratiquée à la branche de l'arbre, en s'aidant de la queue du greffoir, on ajuste bien exactement le sommet de l'écusson avec la coupe transversale de la branche greffée. On termine par une ligature avec des fils de coton ou de laine, ou de brins d'écorce ; cette dernière partie de l'opération demande des soins , il ne faut pas que des fils passent entre les écorces qui doivent être adhérentes , la ligature doit croiser sur l'incision transversale et serrer l'écusson contre le bois de la branche greffée.

Lorsque la greffe est reprise, on enlève la ligature qui ferait un bourrelet.

Il est indifférent de mettre la partie la plus large de l'écusson en dessus ▽ ⊤, ou en dessous △ ⊥ de l'œil, et faire l'incision transversale en haut ou en bas de l'incision latérale, les greffes réussissent également de l'une et de l'autre manière, pourvu que l'œil de l'écusson soit toujours tourné en haut.

On appelle greffe à œil dormant celle qu'on fait dans les derniers temps à l'approche de l'automne, elle ne doit pousser qu'au printemps suivant; il n'y a pas de différence dans la manière de la faire, si ce n'est qu'on ne raccourcit pas la branche de l'arbre, on n'ôte la ligature qu'au printemps.

En pépinière les greffes se posent au pied ou sur le tronc de l'arbre qu'on élève, après les plantations, elles se placent sur leurs branches la 2me année et la 3me.

L'effet des greffes est presque toujours de donner plus de vigueur à la pousse de l'arbre, quelquefois de le faire périr, cela s'explique par l'action de la sève qu'on suspend dans son cours, elle revient ensuite avec toute la force qu'elle avait auparavant, sur le seul œil qu'on lui laisse alimenter et qui dès-lors doit pousser avec une activité extraordinaire; mais si l'arbre n'est pas disposé à cette réaction de la sève, elle cesse entièrement.

§ VII. — DES PLANTATIONS.

Les arbres à planter doivent avoir 10 à 20 centimètres de circonférence, on les appelle arbres à pleines mains, on peut faire les plantations en automne et à la fin de l'hiver, mais toujours par un beau temps et lorsque le terrain est sec; d'avance on fait des creux profonds et larges, ou mieux des fossés en lignes, les gelées comme les chaleurs, avec la pluie, amendent déjà les terres, et lorsque le sol n'en paraît pas convenable, on l'améliore et on y ajoute des terreaux.

On fait, si l'on peut, concorder l'extraction de la Pépinière avec la plantation pour que les racines aient peu à souffrir de l'influence de l'air et ne se dessèchent pas.

Les arbres arrivés près de l'endroit où ils doivent être plantés, on nettoie les racines endommagées, on retranche toutes les branches qui se trouvent en excédant, et on raccourcit à deux ou trois yeux celles qu'on veut conserver.

Au fond des creux on jette des fagots de buis, ou de genièvres verts, ou des branches de bois secs feuillés, on recouvre ces fagots de terre à la hauteur où l'arbre doit être, ce qu'on vérifie en le présentant plusieurs fois dans le creux pendant que des ouvriers avec leurs bêches font tomber, dedans, la terre relevée sur les bords; arrivé à cette hauteur, on place son arbre convenablement, on étend bien les racines et on les couvre de bonne terre.

La profondeur à laquelle doivent se trouver les arbres, comme nous l'avons dit, est indiquée par une différence de teinte de l'écorce au-dessus des racines, ce qui est plus jaune veut être couvert de terre, et la partie verte doit être à l'air.

Il y a des personnes qui poussent les soins jusqu'à replacer leurs arbres au même orient qu'ils avaient dans la Pépinière, l'écorce du côté du nord a une teinte et une rudesse différentes que du côté du midi, ce qui justifie cette précaution.

On doit laisser 12 mètres de distance entre chaque Mûrier, et les planter en quinconce.

En mettant de l'ordre dans les plantations, on rend les soins qu'elles demandent plus faciles, leurs effets moins nuisibles et leurs produits plus avantageux.

Un genre de culture qui semble avoir été prédisposé, est celle des hautins; les ceps ainsi cultivés en lignes ont besoin, surtout dans les côteaux, d'être soutenus par des arbres, et au lieu de cerisiers ou autres espèces à fruits d'un médiocre revenu, si l'on y emploit des Mûriers, indépendamment de leur produit, ils seront moins nuisibles aux récoltes des vins et des blés, parce qu'on les dépouille de leurs premières feuilles, à l'époque où les raisins fleurissent et que les blés entrent en maturité.

Les deux labeurs qu'on donne aux ceps conviennent parfaitement aux Mûriers; les plantations de ces arbres dans les hautins et même dans les vignes, rendront à ces natures de propriétés de la valeur sans augmenter les dépenses de culture.

Dans les terres nues ils réussissent moins bien, parce qu'indépendamment de ce qu'il n'y reçoivent pas une culture aussi convenable que dans les vignes, ils sont trop souvent endommagés par la charrue.

On ne devra pas pour cela s'abstenir de faire des vergers de Mûriers et d'en avoir dans les terres nues, ils seront partout avantageux.

La plantation des arbres est la moindre des choses, auprès des soins nécessaires, pendant les premières années, pour qu'ils réussissent.

Il faut d'abord les armer chacun de plusieurs tuteurs, afin de les défendre des vents surtout dans les terres nues, il faut encore les préserver de la dent des animaux et de toutes blessures, supprimer les faux jets, les nettoyer de la mousse et les tailler en temps convenable ; ce n'est qu'au moyen de tous ces soins que les plantations prospèrent, ceux qui les négligent doivent s'imputer les pertes qu'ils éprouvent, mieux aurait valu pour eux n'en avoir pas fait la dépense.

On doit avoir quelques Mûriers en buisson, ou en haie, surtout pour les premiers âges des vers à soie, les feuilles y sont plus faciles à cueillir que celles des arbres élevés, on recèpe ces buissons par tiers, en 3 ans.

Le Mûrier multicaule est celui au moyen duquel on pourrait former le plus promptement une plantation de ce genre, puisque ses boutures mises en terre se trouveraient en plein produit dès la 3me année, mais il a cet inconvénient que les bouts de ses jeunes branches gèlent toujours en hiver.

§ VIII. — DE LA TAILLE.

La taille est la partie la plus difficile de l'art du Jardinier, elle exige des connaissances qu'ont rarement ceux qui dans notre pays exercent cette profession.

Il faut savoir que l'arbre se nourrit par les feuilles, comme par les racines, et que les branches sont en rapport avec le tronc de l'arbre ; l'enlèvement des branches et des feuilles peut donc être préjudiciable lorsque l'on n'agit pas avec discernement.

Si l'on ne taillait pas le Mûrier, il deviendrait un arbre plus grand, mais il croîtrait plus lentement, il n'aurait qu'une tige droite donnant des feuilles en moindre quantité et moins belles ; son bois quoique excellent et aussi utile, peut-être, que celui du chêne, ne dédommagerait pas des produits en feuilles.

La taille a donc pour but d'augmenter ces produits au détriment de la tige de l'arbre ; on raccourcit son tronc pour lui faire prendre plus de branches latérales ; celles-ci sont aussi raccourcies afin de produire plus de branches secondaires, et toutes successivement dans le but d'augmenter celles qui portent les feuilles, et d'attirer sur ces parties les plus frêles de l'arbre, la végétation que la nature destinait à l'élévation de son tronc.

Par la taille on comprime la sève qui pousse avec force vers les extrémités, et fait produire des jets plus vigoureux ; mais il est évident que cette force de végétation si souvent mise à contribution doit user l'arbre.

On taille en mettant les arbres en pépinières, on taille pour greffer, pour planter, pour donner à un arbre une forme différente que celle qui lui est propre, on taille pour obtenir plus de produits ; c'est une opération souvent renouvelée et qui doit être indiquée avec les détails nécessaires.

Il faut se servir de bons outils pour cette opération et surtout d'une bonne serpette bien affilée.

Le sécateur est un mauvais instrument, il ne doit être

employé qu'à dégarnir l'arbre et à abattre quelques branches trop grosses pour être facilement coupées avec une
serpette ; il ne faut jamais laisser une seule coupe du sécateur sans être parée à la serpette.

La petite scie à main est nécessaire pour certaines branches qu'on ne pourrait enlever ni avec la serpette, ni avec
le sécateur ; il faut soigneusement aussi parer sa coupe.

La serpe serait préférable à la scie, dans le cas où l'on
pourrait s'en servir aussi facilement, et si l'on n'était pas
sujet à frapper quelquefois à faux coups.

La serpette est l'instrument essentiel ; celui qui taille doit
savoir l'employer avec adresse et toujours avec réflexion.

On agit avec les deux mains, une pour tenir la branche et pour la faire fléchir un peu lorsqu'elle est grosse,
alors dans les cas difficiles, cette main se trouve placée en
dessus de la coupe, position dangereuse, l'autre main ma-
nœuvre l'instrument et lorsqu'on n'y prend pas garde on
risque de se faire des blessures.

On doit s'occuper de soi-même, et se placer de manière
à éviter tout accident avant de donner un coup de serpette.

On doit aussi avant de rien couper sur un arbre l'avoir
étudié, et s'être pénétré de tous les effets qu'on veut
obtenir par la taille.

Nous allons d'abord donner quelques principes géné-
raux sur cet art, nous passerons ensuite aux détails.

Les branches qu'on veut faire disparaître entièrement,
doivent être coupées près du tronc, de manière que la taille
soit parfaitement unie.

Les branches qu'on veut seulement raccourcir et sur
lesquelles il doit en pousser d'autres, sont coupées en bec
de sifflet, près de l'œil principal qu'on destine à former
une nouvelle tige.

Pour faire cette taille, on dispose le tranchant de la serpette du côté opposé, à la hauteur de la naissance de l'œil,
et on dirige son instrument de manière à laisser l'œil au-
dessous d'un espace de 2 centimètres, plus ou moins, suivant la grosseur de la branche, le biseau devant être égal

à un peu moins de la moitié de cette grosseur, et donner d'un 1/4 à 1/3 de longueur de plus que si la coupe était horizontale.

Une coupe différente de celle indiquée ci-dessus est vicieuse, dans le cas où elle serait ronde, c'est-à-dire parfaitement horizontale, elle ne se recouvrirait pas ; dans le cas où elle serait beaucoup au-dessus de l'œil, et dans celui où le biseau serait du même côté que l'œil, outre cet inconvénient, elle formerait onglet ; enfin elle altèrerait l'œil si elle en était trop rapprochée.

On taille court, c'est-à-dire sur deux ou quatre yeux, lorsqu'on veut une pousse vigoureuse, et toujours les premières années ; on taille long, c'est-à-dire en laissant à la branche taillée un grand nombre d'yeux, lorsqu'on taille pour des résultats autres que des branches vigoureuses.

La taille se fait sur l'œil le mieux disposé à fournir une branche du côté où elle est nécessaire, pour la forme à donner à l'arbre, et lorsqu'il n'y en a point à la position convenable, on se résigne à tailler dans l'espoir d'atteindre son but l'année suivante.

Par le système de taille que nous avons adapté au Mûrier, nous avons eu pour but de lui faire prendre une forme de gobelet, éprouvée comme la plus avantageuse, soit pour la facilité de cueillir les feuilles, soit pour les produits ; pour obtenir cette forme, il faut enlever toutes les branches intérieures et toutes celles qui sont trop en dehors, et tailler sur celles de côté en élargissant.

Quelquefois certains yeux ne réussissent pas, et l'on est trompé dans son attente, pour y parer, on laisse des yeux de plus, sauf à supprimer les branches inutiles l'année suivante.

L'opération doit se faire au printemps avant la pousse, on ne taille en cueillant les feuilles que les arbres forts, et encore on doit laisser tous les jets de dessous ; si l'on taillait ainsi ceux nouvellement plantés on les épuiserait.

Un ouvrier habile se distingue par ses soins à supprimer

tous les onglets, les chicots, les bois morts, et à réparei les fautes de la précédente taille.

Toutes les fois qu'on coupe une grosse branche, on recouvre la plaie d'onguent de St-Fiacre qui est un mélange de bouse de vache et de terre, on recouvre aussi avec cet onguent les cicatrices, les chancres et les plaies accidentelles.

Ces règles sont la base de toutes les tailles, il nous reste à indiquer la manière d'opérer chaque année.

1re ANNÉE.

La première année de plantation, il ne faut rien retrancher des pousses de l'arbre, sur quelques parties qu'elles se manifestent; on ne doit nettoyer qu'au printemps suivant, les pousses qui se sont formées sur le tronc; quant à ses branches, si elles n'étaient pas assez vigoureuses, on pourrait retarder leur taille d'un an, ainsi la première année de la taille se trouve être la 2me ou la 3me de la plantation.

Cette taille consiste à bien établir les 2 ou 3 branches principales, et les disposer à en porter chacune deux à la 2me taille, conséquemment on retranche de son arbre tous les jets qui ne sont pas bien disposés, on raccourcit ceux qu'on a choisis pour former les mères branches, à 3 ou 4 yeux par côté, et non en dedans ou trop en dehors, pour que l'arbre se forme de suite en gobelet.

Si l'on a de nouvelles branches partant du tronc, mieux venantes que celles laissées lors de la plantation, on les conserve et on supprime les vieilles.

2me ANNÉE.

Cette taille a pour but d'établir deux branches secondaires sur chaque branche primitive, ainsi l'arbre qui aurait été taillé à deux branches en aurait quatre par cette opération, celui à trois en aurait six et celui à quatre en aurait huit; si quelquefois on manque son but, il faut mettre ses soins à l'obtenir à la taille suivante, et pour cet effet bien ménager les yeux propices.

3me ANNÉE.

Elle doit avoir pour effet d'établir deux branches ternaires, sur chaque branche secondaire.

Mais comme dans les précédentes tailles, il a pu manquer beaucoup de branches, il faut souvent employer celle-ci à alonger un peu les secondaires déjà établies et en créer où il en manque.

4me ANNÉE.

La quatrième taille sert à alonger la précédente, et à donner huit branches à l'arbre du tronc duquel il en part deux ; douze à celui qui en aurait trois et seize à celui qui en aurait quatre.

5me ANNÉE ET LES SUIVANTES.

A la cinquième on se borne à raccourcir les jets de la partie supérieure, enlever ceux superflus qui croissent sur le tronc, trop en dedans ou en dehors, et toujours à régulariser l'arbre.

Arrivé à la 7me année de plantation, on peut retirer des produits ; pour cela, on ne taille plus régulièrement, on se borne à rabattre et à réduire les brindilles sur les branches établies, qu'il faut toujours conserver et régénérer quand elles viennent à périr.

Il convient de faire repasser tous les arbres après que les feuilles ont été cueillies, on répare les dommages faits par les cueilleurs ; des gens qui ne raisonnent point leur travail, agissent en sens contraire, et au lieu de rabattre les jets trop élevés, suppriment les branches de dessous ; il en résulte qu'ils élèvent trop leurs arbres, les dégarnissent, les difforment et diminuent leurs produits.

On régénère les vieux arbres en les rabattant sur les branches ternaires, ce qui les force à pousser des jets nouveaux, vigoureux et productifs ; mais les plaies faites par cette taille sur de grosses branches ne peuvent souvent pas se recouvrir : quelque soin qu'on n'y mette, l'eau s'introduit par ces incisions, la sève s'en échappe, le bois s'altère et l'arbre périt plus promptement.

La taille est différente dans le Midi, un arbre n'y a qu'un tronc et ses branches primitives qu'on rabat, ce qui le met non point en gobelet, comme par la taille ci-dessus indiquée, mais en boule, soit tête d'oranger, on y divise ses plants en trois séries, une est tondue et laissée en repos la première année, on ne cueille que les deux autres alternativement ; nous n'avons pas été dans la position d'apprécier la différence de ce procédé avec le nôtre.

Il existe des Mûriers ainsi taillés, mais comme arbres d'agrément, à Lagnieu, sur la terrasse des héritiers. Berlie. (1)

Un autre essai du même genre à faire, serait d'élever le Mûrier à haute tige, et de le tailler avec des nœuds qu'on tondrait tous les 5 ans, comme les chênes qu'on ébranche pour leurs feuilles.

§ IX. — RÉCOLTE DE LA FEUILLE.

Il faut la vigueur réellement extraordinaire du Mûrier, et une circulation de sève aussi active, pour supporter cette opération toutes les années.

On fera bien cependant de s'en abstenir quelquefois, surtout si les arbres n'ont pas une belle apparence, on leur donnera ainsi plus de vie et on sera dédommagé, de ce sacrifice d'une récolte, par les suivantes.

Les cueilleurs de feuilles devront se tenir sur des échelles à pieds, pour les jeunes arbres, et ne monter sur les gros qu'avec des échelles appuyées contre les branches, ils doivent être sur l'arbre sans souliers, pour leur propre sûreté et afin de ne pas déchirer les écorces, il leur est défendu de

---

(1) M. Bonafous ne donne pas son assentiment à cette méthode et préfère celle en gobelets.

rompre ni endommager aucune branche, et enjoint de les redresser après les avoir cueillies.

Quelques personnes croient devoir faire réserver les feuilles des sommités des branches, c'est un usage funeste, la partie restée garnie de feuilles, attire à elle la substance végétative de l'arbre, et la partie dégarnie qui a le plus besoin de sève, en éprouve une privation plus grande que si tout l'arbre était dans la même situation relative; s'il est bien cueilli, il n'a plus une feuille, il doit se trouver dans le même état qu'il était à la fin de l'hiver et renaître.

Un usage avantageux est celui de cueillir les feuilles avec une serpette ou un couteau, elles en sont moins fanées et l'arbre moins altéré, mais il n'est pas pratiqué ici et on devrait l'y introduire; une personne sur l'arbre le dégarnit avec soin de toutes ses feuilles, qui tombent à terre, et une autre les cueille dessous.

Il faut 1610 livres (805 kilog.), de feuilles pour la nourriture des vers à soie d'une once de graines; en ce pays, on ne pèse pas les feuilles: on compte par sac, méthode nuisible et qui contribue à les froisser et à les altérer.

Chaque sac étant pris pour 50 livres, il s'ensuit que c'est 32 sacs environ par once.

La consommation des vers à soie est peu importante pendant les premiers âges, comparativement au dernier, pour lequel elle est de 1300 sur les 1610 livres.

On peut conserver les feuilles cueillies pendant trois jours, en les tenant dans des caves fraîches et les remuant souvent.

Quelquefois contrarié par les pluies, on est obligé de les faire sécher à l'air, étendues sous le hangar, c'est un soin à prendre d'en proportionner les approvisionnements aux besoins de ses vers à soie; dès qu'elles sont fanées ou qu'elles ont fermenté, elles ne peuvent plus leur convenir.

§ X. — DE LA LOCATION DES MURIERS.

Plusieurs propriétaires de Mûriers élèvent des vers à

soie, ils profitent ainsi de tout l'avantage qui peut en ré-
sulter, d'autres louent leurs feuilles à cueillir.

Le haut prix des feuilles greffées et le discrédit de celles
qui ne le sont pas, mettent entre les unes et les autres, une
différence qui est, peut-être, hors de proportion avec celle
qui existe réellement, mais les loueurs recherchent autant
les bonnes, qu'ils répugnent d'être obligés d'employer
celles qui sont inférieures.

Cent quarante Mûriers greffés occupant un hectare de
terre en hautins, ont été loués la 7me année 40 francs; la
10me année 140 francs; de la 16me à la 20me année, ils mon-
teront probablement à 420 francs; nul autre produit ne
peut équivaloir à celui de ces arbres, et cependant le terrain dans lequel on les cultive donne encore d'autres
récoltes.

Les baux de feuilles se font à vue d'œil, on compte les
arbres, on a égard à leur grosseur et on en arrête le prix,
dont partie est payée au moment du marché, le surplus
lors de la vente des soies.

Ces marchés se règlent souvent à la fin de l'automne,
quelquefois au commencement du printemps.

Les cas de pertes par le gel ne sont pas prévus, on n'a
pas vu cependant qu'ils causassent des difficultés.

Si l'accident était antérieur aux conventions et que les
deux contractants eussent agi en connaissance du fait, il n'y
aurait lieu à aucune diminution du prix, et non plus si le
preneur s'était chargé des cas fortuits; pour le gel,
le propriétaire a autant d'intérêt que le fermier à résilier
le marché; le cas de grêle pendant la nourriture, pourrait
seul donner lieu à discussion entr'eux, sur une réduction
proportionnelle, parce que leurs intérêts se trouvent
alors en opposition. L'article 1722 du Code civil y serait
applicable.

Dans les baux à long terme et par écrit, on doit suivre
les règles du Droit.

Il est des pays où les feuilles se vendent sur le marché,
au poids, il en est d'autres où les nourritures des vers à

soie se font à moitié, entre le propriétaire des feuilles et celui qui soigne la nourriture ; il convient que dans la balance des produits, le partage se trouve égal entre le propriétaire et celui qui élève les vers à soie, tous leurs intérêts rendus communs en deviendront plus stables.

DEUXIÈME PARTIE.

DES MAGNANERIES

ET

DES TABLES EN CLAIES.

1.º DES MAGNANERIES.

Après les Mûriers qui sont l'objet de première nécessité pour celui qui doit élever des vers à soie, nous sommes amenés à parler des dispositions que doit avoir la Magnanerie, pour que la nourriture y réussisse.

Le climat de notre pays n'est pas celui naturel à ces insectes, il faut leur en former un factice, l'essentiel est que par les moyens employés, on puisse les tenir aérés et à une température convenable.

Une Magnanerie bien établie se compose : 1° d'un petit appartement où on fait éclore les vers à soie et où on les laisse pendant leurs 3 premiers âges, on lui donne le nom d'étuve ; 2° d'un appartement où ils doivent passer le reste de leur vie, qu'on nomme l'atelier et qui doit être proportionné à la quantité de vers à soie qu'on veut élever ; 5° d'un hangar pour faire sécher les feuilles, lorsqu'on est obligé de les cueillir par la pluie ; 4° et d'une cave sèche et fraîche, où on puisse les conserver pendant deux à trois jours.

Des bonnes dispositions de ces appartements, surtout de l'atelier, dépend le succès de la nourriture qu'on soigne.

En comparant le nombre des vers à soie d'une once de graines, avec la grandeur de l'appartement où on les élève, et si l'on sait que l'évaporation qui s'exhale du corps de chacun de ces vers, devient tellement considérable et méphitique à son dernier âge, qu'elle décompose dans un jour un tiers de litre d'air, à tel point qu'il ne peuvent plus y vivre, on concevra que tous les moyens doivent être employés pour renouveler cet air sans changer la température de l'atelier.

M. Dandolo, éducateur piémontais, avait déjà obtenu, sous ce rapport, des améliorations notables par le bon placement des fenêtres, des cheminées, d'un poêle et par plusieurs ouvertures aux planchers sous pieds, et aux planchers supérieurs.

Les feux vifs de copeaux ou de paille sèche, les jours latéraux avec ceux de dessus et de dessous, joints à la chaleur d'un poêle en brique ou en faïence, y formaient des courants d'air et rétablissaient la température; mais un savant français, M. Darcet, vient d'indiquer un moyen de perfection auquel la science n'arrive pas ordinairement d'une manière aussi prompte: les essais faits par MM. Camille Beauvais et Kébert, ne laissent pas de doute sur l'efficacité de l'appareil, qui est d'ailleurs encore susceptible d'amélioration.

Dans le système de M. Darcet, la Magnanerie est au 1er étage, le foyer ou calorifère au rez-de-chaussée dans une chambre étroite; l'air extérieur traverse cette chambre et arrive dans l'atelier par des conduits pratiqués sous le plancher intermédiaire, il s'y répand par des ouvertures circulaires de grandeur variable.

Dans le plafond, sont établis des conduits et des ouvertures parfaitement symétriques avec le système inférieur.

L'air puissamment attiré par un tarau et par un fourneau d'appel, placé dans la cheminée même qui reçoit le tuyau du calorifère, sort avec force par les ouvertures supérieures et attire celui de la chambre inférieure, de sorte qu'il s'établit un courant continu.

Il ne s'agit plus que de maintenir cette chambre à air, peu spacieuse, dans un état convenable de température et d'y produire la chaleur, le froid, le sec et l'humidité, si jamais on avait besoin d'humidité dans une Magnanerie, au moyen du feu, de la glace, de matières desséchantes et de linges mouillés.

Le bulletin de la Société d'encouragement de février 1835, et les deux premiers numéro de 1836 de l'agronome, décrivent et donnent les plans de la Magnanerie de M. Darcet; ces ouvrages sont dans les mains d'un grand nombre de personnes à Belley.

Il sera facile d'y appliquer des piles ou conduits à dégager l'électricité, mais déjà par ce procédé on n'éprouve plus aucune difficulté de renouveler l'air sans le refroidir, et de le faire circuler sans cesse autour de chaque ver, pour entraîner les gaz méphitiques et humides qui se dégagent de son corps, tout comme s'il était dans l'état de nature sur une tige de Mûrier.

Afin d'être assuré que le degré d'humidité et celui de chaleur, sont toujours convenables dans l'atelier ou l'étuve, on doit y avoir deux instruments : l'hygromètre et le thermomètre, et les consulter souvent; le Baromètre y est aussi utile.

Il existe pour le thermomètre deux systèmes de graduation : celui d'après Réaumur et celui Centigrade; nous prévenons que c'est celui d'après Réaumur que nous mentionnerons toujours.

Les rats et les fourmis font dans les ateliers d'immenses ravages, on doit prendre les mesures nécessaires pour s'en garantir, surtout en grillant les ouvertures.

2.º DES TABLES EN CLAIES.

Il ne suffit pas d'avoir une Magnanerie bien construite, il faut encore que les tables n'en contrarient pas toutes les dispositions, on pourrait dire qu'elles sont à la Magnanerie ce qu'est le mobilier à un salon : l'objet le plus important; aussi leur consacrons-nous cet article à part.

On appelle tables de la Magnanerie des rayons supportés par des crémaillères, soit échelles à double rang, placées de manière à pouvoir circuler aisément de tous les côtés ; chaque rayon a un mètre et 1/3 de largeur, ils sont posés l'un au-dessus de l'autre, à 40 centimètres de distance environ, à partir du plancher inférieur jusqu'au plancher supérieur.

La condition importante pour la formation de ces tables, est qu'elles soient à claire voie, afin que les courants d'air puissent les traverser de bas en haut, autrement les dispositions de l'atelier le mieux établi, ne produiraient que peu d'effets ou seraient inutiles.

C'est avec des planches vertes qu'assez généralement on fait ici ces tables, les marchands de planches profitant de l'imprévoyance de ceux qui élèvent des vers à soie, les louent à raison de 2 à 3 francs la douzaine ; ces planches sont ce qu'il y a de plus mauvais à employer pour les tables.

D'abord en raison de ce qu'elles sont vertes, elles contribuent à augmenter l'humidité dans la Magnanerie, où déjà elle est le principal des inconvénients.

Et lors même qu'elles seraient parfaitement sèches, le bois étant de sa nature spongieux, elles seraient toujours d'un emploi nuisible par les inconvénients qui en résultent de rendre les tables impénétrables aux courants d'air, d'empêcher sa circulation autour de chaque ver à soie, de causer ainsi une touffeur, résultat de l'humidité et de la chaleur concentrées entre les tables, elles sont encore nuisibles par la difficulté de les nettoyer et par le poids dont elles surchargent le plancher inférieur.

La location des planches, dépense assez considérable, serait ainsi le moindre inconvénient.

Une amélioration notable due à Mme Lavigne, est l'emploi de claies faites avec des roseaux de marais ; *l'espèce dite à ballayettes.*

M. Peysson, maire de Chazey-Bons, a aussi imaginé de faire ses tables avec de grosses toiles claires, ce qui peut être préférable aux planches, mais moins avantageux que les roseaux, sous plusieurs rapports; les toiles nécessitent une avance de capitaux plus onéreux que la location des planches; le fil dont on les fait est conducteur de l'humidité, il est aussi difficile de tenir des toiles tendues dans un état de propreté que des planches, elles s'imprégnent davantage des mauvaises odeurs, et l'humidité de la Magnanerie doit nécessairement opérer une fermentation qui détruit promptement ce matériel.

Ces considérations devront faire donner la préférence aux claies, dont le premier établissement n'équivaut pas à la dépense de la location des planches pour une seule année, et dont la durée est presque sans bornes.

On trouve des roseaux dans tous les marais, et sur les bords de tous les lacs et de plusieurs rivières : le marais de Planchon dans la commune de Virieux-le-Grand, le lac de Bar près de Musin, en produisent de très-beaux; ils sont presque sans valeur faute d'emploi.

Mme Lavigne a appelé *Cannisson* une nappe ou petite claie carrée d'un mètre et quart (4 pieds), faite avec des roseaux réunis.

D'après son procédé il faut pour chaque *Cannisson* de 220 à 230 roseaux, 8 brins de forte ficelle de matelassier, ou de gros fil tordu à deux ou trois doubles.

Lorsqu'on s'est procuré les roseaux nécessaires, on les laisse sécher et on les dépouille de leurs feuilles, puis on fixe 8 longueurs de ficelle à autant de clous plantés horizontalement à la hauteur où les bras peuvent agir; ces clous doivent être espacés entre eux également de quinze centimètres environ l'un de l'autre.

On laisse tomber d'aplomb les bouts de ficelle, on les double dans le milieu, on y place un premier roseau et on noue, un second se noue sur le premier, puis un troisième et ainsi pour tous les autres, ayant soin de serrer les nœuds, pour qu'il reste le moindre espace possible entre chaque roseau; sur le dernier placé le nœud doit être double.

On détache les ficelles des clous pour recommencer une

autre claie ; deux personnes travaillant à la même, font plus vite et mieux que séparément.

Lorsqu'on a achevé ces *Cannissons*, soit claies, on affranchit, par les deux bouts à la même longueur tous les roseaux.

Ces claies se mettent toujours entre les échelles, les bouts des roseaux en dehors, et on conçoit facilement qu'elles ne doivent avoir que la largeur nécessaire pour que les bras des deux personnes qui, de chaque côté, soignent les vers à soie, se rencontrent dans le milieu ; mais on pourrait penser qu'il est indifférent de les faire beaucoup plus longues, et de n'en avoir même qu'une seule pour chaque rang de tables, d'autres explications feront reconnaître la nécessité de ne pas leur donner plus de longueur que celle ci-devant indiquée.

Pour mettre les claies en tables, on établit des bâtons de support sur les doubles rangs d'échelles, soit crémaillères, de la même manière que s'ils devaient supporter des planches, mais sur ces premiers supports on cloue ou on attache cinq rangs de liteaux ou de perches, dans le sens de la plus grande longueur de l'appartement ; après cela on étend les claies en les déroulant sur cette étendue de perches ou de liteaux, joignant la 2me à la 1re, la 3me à la 2me, ainsi de suite, si elles débordent un peu les deux crémaillères, il faut entre elles une petite largeur de claie plus courte que les autres.

Tant que les vers à soie sont petits, on étend des feuilles de papier sur les claies pour éviter qu'ils passent entre les roseaux, cette précaution n'a pas lieu quand ils sont gros, et on peut même ôter le papier dès le second jour de chaque mue ; il convient de placer aux deux bords des tables des liteaux ou des perches qui dépassent les claies.

Une autre amélioration, que Mme Lavigne a pratiquée, est celle des réseaux en fil pour lever les vers à soie de leur litière ; ils doivent être de la même longueur que les claies et moitié moins larges, on les assujétit de deux côtés sur deux roseaux, on les pose sur les vers à soie qu'on veut lever, on étend ensuite des feuilles fraîches que les vers à soie ont bientôt surmontées, alors on les enlève tous ensemble à bras tendus sans les toucher.

Si les vers d'une table doivent en former deux, on commence à garnir la table vide, ayant soin de mettre le travers du réseau en long sur celle-ci, dans le milieu ; on enlève ensuite et on secoue hors de l'atelier les claies sur lesquelles il n'y a plus de vers, on les remet en place et on continue le transport des vers à soie, ainsi que le nettoiement des claies ; les derniers réseaux sont un instant entreposés jusqu'à ce que la dernière claie soit nettoyée et remise en place.

Si les vers à soie levés ne doivent former toujours qu'une seule table, on enlève les deux premiers réseaux, on les entrepose, on nettoie la première claie sur laquelle on place dans le même sens le 3me et le 4me, et on continue jusqu'à la dernière claie qui est à l'autre extrémité, où l'on rapporte les deux premiers réseaux levés et mis en entrepôt.

On comprend qu'il faut des réseaux de plus à chaque nouvelle levée, et que ceux laissés sous les vers à soie à la précédente se dégagent au fur et à mesure, et doivent servir ensuite.

Il faudrait trouver une matière aussi propice pour ces réseaux que les roseaux pour les claies, et qu'elle fût impénétrable par l'humidité, par exemple : le crin, s'il était facile à employer et s'il n'était pas trop coûteux ; toutefois l'usage de ces réseaux est indépendant, et celui qui n'est pas en état d'en faire, ne doit pas s'abstenir pour cela de monter ses tables en claies de roseaux.

La facilité de pouvoir transporter la litière hors de la Magnanerie, sans la remuer, est seule un très-grand avantage, en ce qu'il n'en résulte pas des exhalaisons fétides, et que l'appartement est toujours, pendant cette opération, dans un état de propreté et de pureté également nécessaire aux insectes et à ceux qui les soignent.

Si l'on y ajoute tous les autres avantages, soit en diminution de frais, soit en augmentation de produits, et surtout ceux inappréciables de faciliter les courants d'air et de parer aux touffeurs, entre les tables, qui font périr une si grande quantité de vers à soie, on comprendra que c'est promettre peu, en n'assurant qu'un bénéfice d'un quart pour l'emploi de ce procédé.

TROISIÈME PARTIE.

DES VERS A SOIE

ET

DE LEUR PRODUIT.

Les produits des vers à soie sont merveilleux, leur éclat le dispute à celui de l'or, et les tissus qui en sont formés, dépassent en beauté ceux qu'on peut obtenir de toutes les autres matières connues.

Cet insecte transporté de la Chine en Europe, ne fut d'abord naturalisé que dans les seules provinces méridionales, et la soie existait encore en si petite quantité au commencement du 16me siècle, qu'elle était toute réservée pour les Souverains : Henri II fut d'abord le seul en France qui posséda une paire de bas de soie.

Aujourd'hui les vers à soie ont étendu, au nord, bien au-delà de nous, le territoire de leur invasion, et un attrait irrésistible semble attaché à leur éducation : tous ceux qui en ont élevé une fois veulent y revenir, surtout après des succès ; les peines, les espérances, les craintes, les profits plus ou moins considérables, semblent créer pour ceux qui se livrent à ces soins, des surprises d'autant plus attrayantes que les chances sont plus multipliées, et les résultats assez promptement connus : on s'en occupe à la campagne et à la ville, chez le pauvre et chez le riche.

La soie n'est plus l'apanage des seules têtes couronnées ; elle est devenue d'un usage assez général pour toutes les classes de la Société, et pour toutes les époques de la vie : depuis le bonnet de baptême jusqu'au crêpe qui recouvre le cercueil.

Elle peut seule fournir certains vêtements, certaines draperies, plusieurs objets de parure et d'ameublement, que l'habitude rend chaque jour plus nécessaires, elle a pris aussi la place des poils les plus fins pour les feutres des chapeaux, et des laines du Thibet, pour les beaux tissus imités de ceux d'Orient.

L'insecte auquel on doit tant de merveilles, est de la classe des chenilles à peau lisse et sans poils, ce qui fait qu'il n'est pas désagréable au toucher.

Il éclot des œufs d'un papillon, auxquels on a donné le nom de graines de vers à soie, sa vie se divise en cinq âges, qui sont partagés par une espèce de léthargie, appelée sommeil, pendant laquelle il se dépouille de la peau qu'il avait précédemment et en prend une nouvelle, d'une teinte différente, il se renferme ensuite dans un cocon, où il se transforme en chrysalide, pour en sortir en papillon et reproduire des graines.

Notre but principal étant de faire connaître les améliorations obtenues dans l'arrondissement, et de signaler les usages vicieux qu'on doit abandonner, nous ne reproduirons que succinctement les détails des diverses opérations à suivre, et nous diviserons cette 3me partie en 9 paragraphes, traitant : 1° des Quantités et des Produits ; 2° des Espèces ; 3° des Graines ; 4° de la naissance des Vers à soie ; 5° des Mues et des Ages ; 6° de la Montée ; 7° des Cocons ; 8° de la Filature ; 9° des Bourres et Filoselles.

§ 1. — DES QUANTITÉS.

Dans une once de graines, il se trouve 42000 œufs ; 260 cocons pèsent environ une livre, il s'ensuit que s'ils réussissaient tous, ils devraient produire 160 livres et plus de cocons ; cependant le terme moyen de ce produit n'est que de 70 livres, mais pour les éducations soignées, il est toujours au moins de 100 livres, et nous avons déjà vu ce résultat devenir général, pour l'année 1833, en raison de l'état de la température extraordinairement favorable.

En 1835, on a eu dans l'arrondissement, 36666 kilogrammes de cocons, (73332 livres) ; admettant 70 livres par once, il s'ensuivrait qu'on aurait opéré sur 1047 onces et 1/2 de graines ; la consommation des feuilles à raison de 1610 livres par once, aurait dû être d'environ 1686475 livres, en comptant pour ce produit les 55380 arbres qui existaient en 1829, chaque arbre aurait donné, l'un portant l'autre, environ 30 livres et 1/2 de feuilles ; mais ce chiffre n'est pas applicable à un Mûrier qui a atteint toute sa croissance, son produit est au moins de 300 livres de feuilles.

Nous avons quelques arbres qui prouvent cette assertion, les uns, aujourd'hui dépérissant, plantés il y a environ 80 ans, à une époque où les Administrateurs de la province du Bugey, en firent établir une Pépinière à Belley (1) ; d'autres, plantés il y a plus de 50 ans, époque où M. Rubat était sous-préfet ; dans les intervalles l'Agriculture est restée sous l'influence de cet esprit d'abandon et d'indifférence qui pesait sur tout, et s'emparait des hommes et des choses.

Il est hors de doute que dès à présent l'accroissement sera annuel, et en 1841, d'après les seuls résultats qui ont servi de base à nos calculs, les 99105 arbres existants en 1835, produiront 5022702 livres de feuilles qui nourriront 1877 onces environ, et donneront 131390 livres de cocons, sans faire entrer en compte les avantages qui résulteront des perfectionnements.

Nous ne craindrions pas de garantir qu'avec les seuls moyens d'améliorations que nous indiquons, ce produit

---

(1) L'arrêté de l'Intendant, relatif à cette Pépinière, est de 1751.

s'élèvera à 165000 livres, qui pourront en donner 17000 de soie filée.

Si en améliorant toujours, nous nous portons à 50 ans en avant avec nos plantations actuelles, à raison de 500 livres de feuilles par arbre, et celles annuelles de 10000 autres, produisant 50 livres chacun, et si nous calculons notre avenir sur les bases actuelles, nous n'aurons pas pour résultat tout ce qu'il est possible d'obtenir ; mais alors une diminution dans les valeurs des soies serait peu redoutable, tandis que l'état stationnaire causerait la perte de cette industrie pour le pays.

§ II. — DU CHOIX DES ESPÈCES DE VERS A SOIE.

Les espèces de vers à soie se sont croisées et variées à l'infini, elles ont subi l'influence du caprice des hommes, il y a un choix à faire dans ces diverses espèces, la plus généralement répandue dans cet arrondissement est le *Petit-Nankin*, elle y réussit et passe pour la plus robuste, on doit conséquemment la préférer, surtout pour nos premiers essais ; viendra un temps où l'on devra rechercher les espèces dont la soie est d'un plus grand prix : telles que *le Sina* ou *le Poidebard*, à soie blanche.

On peut conseiller aussi l'espèce à trois mues, qui a été recommandée par M. Dandolo, et semble présenter de grands avantages, si ce n'est sous le rapport de la beauté de la soie, au moins sous celui des frais de l'éducation.

§ III. — DES GRAINES.

Celui qui se dispose à élever des vers à soie, doit faire ses graines lui-même, et si c'est la première fois, acheter des cocons choisis avec soin dans l'espèce qu'il préfère.

Lorsqu'on n'a pas eu cette précaution, on ne doit acheter des graines que des personnes sur la fidélité, les soins et l'intelligence desquelles on ne puisse élever aucun doute.

Il faut 5/4 de livres de cocons mâles et femelles pour faire une once de graines, mais on en emploie généralement une livre, afin de ne se trouver jamais en dessous de ses prévisions.

Les signes pour distinguer les cocons mâles des femelles, ne sont pas certains, cependant les plus petits, pointus à l'un des bouts, ou des deux côtés et serrés au milieu, contiennent ordinairement des papillons mâles, ceux qui sont plus arrondis aux extrémités, plus gros et peu ou pas serrés dans le milieu, contiennent ordinairement des femelles; les papillons et les chrysalides mâles sont beaucoup plus petits, et pèsent beaucoup moins que les femelles.

On dépouille ces cocons de leur bourre, on sépare ceux qu'on présume mâles des femelles, on les étend sur deux tables qui ne soient pas polies, si elles le sont on les couvre d'un linge, afin que les papillons s'y cramponnent pour sortir.

La chambre dans laquelle on les place doit être sèche, tenue à la température de 15 à 18 degrés du thermomètre; on y établit de temps à autre un courant d'air.

L'humidité qui s'échappe, chaque jour des chrysalides, fait perdre à ces cocons une partie de leur poids.

Les papillons commencent à naître du 15me au 20me jour, suivant le degré de température de la chambre, et restent de 10 à 15 jours pour éclore tous.

On connaît qu'un papillon va éclore, lorsque le cocon devient humide d'un côté: c'est le moyen que la nature leur donne pour amollir et percer cette enveloppe.

Le plus grand nombre sort dans les trois premières heures, après le lever du soleil.

Cette espèce est de la classe des papillons de nuit, la lumière les fatigue, les mâles le manifestent par des battements d'ailes qui en font sortir tout le duvet, on doit conséquemment les tenir autant que possible dans l'obscurité: quoique pourvus d'ailes, ils ne volent pas du tout; lorsqu'ils sont sortis du cocon, les mâles cherchent les femelles pour s'accoupler, après qu'elles ont évacué une humeur jaune.

On enlève tous les cocons percés, on recherche toutes les

paires qui se sont accouplées seules, on les porte dans la chambre obscure, et on les place sur des papiers tendus, ou mieux des linges.

On accouple les mâles et les femelles qui étaient séparés : l'accouplement doit durer 6 heures, on peut les séparer après ce temps en les soulevant légèrement par les ailes.

Si l'on a eu des mâles en sus, on les ferme dans des boîtes pour les faire tenir en repos, et empêcher qu'ils battent des ailes jusqu'à ce qu'il éclose des femelles.

Si les femelles sont en plus grand nombre, on les laisse de côté, et lorsqu'il n'éclot pas assez de mâles, on peut faire servir, à leur accouplement, ceux qui ont été séparés et qui ont déjà servi : les graines pondues, sans être fécondées, sont jetées ; après l'accouplement, on met les femelles dans une chambre sèche, où la température ne dépasse pas de 14 à 16 degrés, sur des linges tendus, un peu inclinés, pour y déposer leurs œufs ; ces linges sont relevés dans le bas par des épingles, afin d'empêcher que les papillons et les œufs qui s'en détacheraient, ne tombent à terre : sept onces de graines peuvent tenir sur 70 centimètres carrés.

On laisse les femelles sur cette toile 40 heures ; quelques personnes supposent que les pontes, qui se font après ce temps, peuvent ne pas être bien fécondées.

On place de nouvelles femelles sur le même linge, après qu'on a enlevé celles qui y étaient, et on tient note de l'heure à laquelle on les a placés sur chaque linge.

En 15 à 20 jours, les œufs prennent avec leur couleur grisâtre cendré, une forme lenticulaire et une fossette dans le centre de leur superficie, indiquant qu'une partie de l'aqueux qu'elles contiennent s'est dégagée : il ne reste plus alors d'autres soins à prendre que ceux de leur conservation.

Après ce temps et lorsque les linges garnis de graines sont bien secs, on les plie mettant du papier entre chacun, et on les suspend dans un endroit frais, aéré, où la température ne puisse pas s'élever au-dessus de 12 degrés, ni descendre à 0 ; on les visite de temps à autre, afin de voir s'il ne s'y établit point de fermentation ; on a soin qu'ils soient à l'abri des teignes et des rats.

On doit détacher les graines des linges, sur lesquels elles ont été déposées, à la fin de mars ou au commencement d'avril ; on choisit pour cette opération une belle journée : il est des personnes qui croient avantageux de tremper les linges dans l'eau pour les approprier, d'autres les trempent dans du vin ; elles pensent qu'en appropriant la graine et la dégageant ainsi du glutten, la naissance des vers à soie en est d'autant facilitée ; il en est aussi qui attaquent cette méthode comme excessivement nuisible, et soutiennent que le glutten qu'on prétend dissoudre à l'eau, s'évapore à la chaleur de l'étuve.

Dandolo est d'avis que les linges et les graines soient lavés ; voici de quelle manière il indique cette opération :

« On porte dans une chambre convenable, les linges sur
« lesquels les œufs sont attachés, on en fait plusieurs dou-
» bles, on les plonge dans un seau d'eau de citerne ou de
» puits, on les agite de haut en bas jusqu'à ce que l'eau
» ait bien pénétré partout, et on les laisse dans le seau à
» peu près six minutes, ce temps suffit pour amollir la
» substance gommeuse qui tient les œufs attachés aux
» linges.

» Il faut avoir dans cette chambre une table propor-
» tionnée à la grandeur des linges.

» Lorsque les six minutes sont passées, on sort les lin-
» ges du seau, on les laisse égouter trois à quatre minu-
» tes, les tenant dans les mains ; on les place ensuite sur la
» table et on les étend tous, ou en partie, on tient bien
» étendu le linge du côté où l'on veut commencer à sépa-
» rer les œufs avec un racloir, ils se détachent peu à peu,
» le racloir ne doit pas être trop aigu, afin de ne pas en-
» tamer les œufs, ni trop obtus afin de pouvoir les déta-
» cher facilement, les œufs tiennent peu sur des linges
» mouillés.

» Lorsqu'on a détaché une bonne partie des œufs, on

» les entasse sur le linge même ; on les enlève ensuite avec
» le racloir et on les dépose dans un bassin, on continue
» à faire cette opération jusqu'à ce que tous les œufs aient
» été cueillis et mis dans le même bassin.

» On verse alors de l'eau sur les œufs qui sont dans le
» bassin et on les lave légèrement, afin de les séparer les
» uns des autres ; l'eau dans laquelle on les lave devient
» très-sale, attendu que les œufs sont toujours plus ou
» moins salis par les matières que déposent les papillons.

» A la superficie de l'eau, on voit surnager les coques
» des œufs dont les vers sont sortis ; on en voit beaucoup
» de jaunes non fécondés, et même d'autres qui n'ont pas
» cette couleur, mais qui sont légers, on doit de suite en-
» lever tout ce qui surnage.

« Si les œufs ont été recueillis dans une mauvaise sai-
» son, surtout par un temps froid, il y en aura beau-
» coup de jaunes et même de roussâtres qui iront au fond
» quoiqu'ils ne soient pas fécondés.

» Cette eau ayant été bien agitée on la verse sur un
» tamis, ou sur un linge pour en séparer les œufs.

» On met dans un bassin les œufs du tamis et ceux qui
» sont restés au fond du seau, on verse dessus du vin sain
» et léger, blanc ou rouge, on lave de nouveau les œufs,
» les frottant légèrement afin qu'ils se séparent bien les
» uns des autres. »

Nous pensons qu'on doit imiter la nature dans ses procédés, et proscrire le vin de cette opération de lavage, il
contient toujours plus ou moins d'alcohol, et l'on sait que
la conservation des substances dans l'alcohol se fait par la
décomposition et l'annulation de tout principe de vie et de
fermentation. Quant à l'opération en elle-même, elle est
indiquée par les pluies douces et les rosées du printemps,
qui viennent amollir et laver les graines abandonnées à
l'influence du temps, dans le pays où les vers à soie sont
indigènes.

Ce lavage doit se faire dans l'eau, ni trop fraîche ni
trop chaude, qui réagirait sur la substance intérieure, et

faiblement en dessous de la température de l'extérieur, ou de l'appartement ouvert dans lequel on opère, ce qu'on constate en y trempant le thermomètre.

La graine qui n'a éprouvé aucune altération est de couleur gris cendré.

§ IV. — DE LA NAISSANCE DES VERS A SOIE.

Il importe au succès de choisir l'époque la plus convenable pour faire éclore les graines de vers à soie, et de bien diriger, au moyen du thermomètre, les degrés de chaleur qui doivent donner la vie à ces insectes, dans le local destiné à cette opération.

S'ils éclosaient trop tôt les feuilles pourraient manquer pour la nourriture, n'être pas assez substantielles, et le moindre inconvénient serait une perte sur la quantité nécessaire, n'ayant pas tout leur accroissement : trop tard, les jeunes vers ne peuvent pas manger les feuilles devenues dures pour eux et ils languissent ; la cueille est aussi plus préjudiciable aux arbres dont les nouveaux jets ne pourraient plus s'aoûter.

On doit mettre les graines éclore dès que les bourgeons de Mûriers se développent, et commencent à présenter quelques petites feuilles (du 20 avril au 5 mai), on retarde de quelques jours lorsqu'on a à craindre des gelées.

Il faut, pour les faire éclore, les placer dans une petite chambre, il est plus facile d'y régler la chaleur que dans une grande, elle doit être éclairée, percée de soupiraux, et pourvue d'un poêle en briques, ou en faïence ; c'est cette chambre qu'on appelle l'étuve, on y tient, pour reconnaître le degré de la température, plusieurs thermomètres et hygromètres ; s'il arrivait qu'elle fut trop sèche, il faudrait placer sur le poêle une assiette pleine d'eau, que la chaleur ferait mettre en évaporation.

On se sert communément dans le Dauphiné d'une boîte en fer-blanc, représentant une petite maison à 5 étages, percée d'ouvertures sur 5 faces et au-dessus, avec des coulisses en tiroirs sur la 4me face ; un thermomètre plonge dedans, elle s'échauffe par le moyen d'une lampe à veilleuse placée dessous et mobile, dont on rend l'effet plus ou moins actif, suivant qu'on la rapproche, ou éloigne du plancher inférieur de cette boîte, et suivant le nombre des mèches qu'on y allume (1).

Le fer-blanc trop conducteur de la chaleur, a l'inconvénient de s'échauffer et de se refroidir vite et inégalement ; pour y parer, on a imaginé de la doubler en laissant une intervalle entre deux qu'on remplit d'eau, alors c'est un véritable bain-marie, qui présente d'autres inconvénients ; mais c'est une méthode nouvelle dans notre localité, elle amènera des améliorations, et bientôt on reconnaîtra tous les avantages d'un petit appartement disposé en étuve.

Les graines exactement pesées, s'étendent par once dans des tamis, placés sur des claies, ce qui vaut mieux que des petites boîtes en bois mince ; la température de l'étuve, les deux premiers jours, doit être à 14 degrés, le 3me jour à 15 degrés ; le 4me à 16 ; le 5me à 17 ; le 6me à 18 ; le 7me à 19 ; le 8me à 20 ; le 9me à 21 ; le 10me, le 11me et le 12me à 22 degrés.

Si l'étuve n'était pas bien dirigée, si d'une température d'abord trop élevée on la faisait descendre, les vers naîtraient avec le germe de maladies qui se manifestent plus tard, et les font périr à leurs 3me et 4me âges, c'est la principale cause des pertes de ceux qui, pour les faire éclore, emploient la chaleur du fumier, celle des lits, celle des corps humains, ou des cuisines, et de ceux qui les laissent éclore naturellement.

On remue les graines deux fois par jour avec une cuiller en bois ; la couleur gris cendré qu'elles avaient, change, et d'abord se rapproche un peu du bleu de ciel, ensuite du violet, du jaune et du blanc sale.

Lorsque des œufs prennent cette couleur blanchâtre, les vers y sont formés, ils commencent à naître le 5me jour :

____

(1) Madame Clerc, à Belley, en a obtenu de bons résultats.

alors il faut les couvrir de morceaux de papier blanc percés de beaucoup de trous, les vers passent par les trous et paraissent sur ce papier; au lieu de papier percé, on peut se servir d'un réseau à petits trous, ou mieux encore du crin frisé; pour recueillir ces vers, on n'a plus qu'à étendre sur ce crin, papier ou réseau, des bouquets de petites feuilles tendres de mûrier, et on les enlève successivement.

Il ne paraît d'abord que peu de vers, et il faut les jeter parce qu'ils monteraient trop tôt.

On doit étiqueter et séparer les levées de chaque jour, c'est un soin dont on reconnaîtra la nécessité après avoir suivi les diverses opérations dont nous allons rendre compte; on jette aussi les derniers éclos qui seraient trop tardifs. Pour compenser cette perte des premiers et des derniers, les Magnaniers ajoutent quelques grammes au poids d'une once; on pourrait se rendre un compte exact de cette perte en pesant ses graines depuis l'entrée dans l'étuve, et faisant déduction de la diminution du poids par évaporation, qui est d'un douzième, et ajoutant celui des coques qui est d'un cinquième.

Les soins à donner aux vers à soie dans leurs premiers âges consistent: à tenir la température bien réglée avec des courants d'air qui en assurent le renouvellement; maintenir dans l'atelier un jour convenable, ce qui est un moyen de salubrité, et nécessaire aux vers ainsi qu'à ceux qui les soignent; nettoyer les claies, régler leurs repas d'après leurs besoins journaliers qui ne sont pas régulièrement les mêmes, car ils commencent avec peu d'appétit les premiers jours de chaque mue, consomment beaucoup plus pendant les deux jours suivants, et finissent comme ils ont commencé; leurs moyens pour broyer les feuilles étant plus faibles le premier jour, on doit leur servir les plus tendres, et jamais d'humides.

§ V. — DES DIVERSES MUES ET AGES

DES VERS A SOIE.

1er AGE.

La température de l'appartement doit être plus élevée pour cette première époque que pour les suivantes : on la tient à 19 degrés.

Les repas doivent aussi être plus multipliés, soit en raison des besoins réels des petits vers, soit en raison de ce que les jeunes feuilles qu'on leur donne sont tendres et promptement fanées ; on les découpe avec un couteau bien tranchant : il est des personnes qui se contentent de les éplucher et de les poser avec soin sur les vers à soie ; quelque moyen qu'on emploie : l'important est de mettre ses soins à ce que tous les vers profitent de la nourriture qu'on leur donne, autrement ils ne resteraient pas égaux et beaucoup périraient aux autres mues.

Il est avantageux de couper les feuilles sans les faner, cette opération est même nécessaire à tous les âges des vers, pour celles du Multicaule parce qu'elles sont trop larges.

Les repas sont renouvelés toutes les 3 heures, nuit et jour, chaque fois on élargit un peu l'espace occupé ; le le 4me jour, leur appétit diminuant, on réduit la quantité des feuilles ; le 5me, il diminue davantage, et on suit cette progression dans la réduction ; vient ensuite la première mue, les vers s'endorment et changent de peau sur leur litière : cette marche est la même pour tous les âges ; le premier se trouve ainsi accompli en cinq jours, non compris les deux pendant lesquels ils sont nés et ont été transportés.

2me AGE.

Les vers à soie qui n'avaient précédemment qu'une ligne, se réveillent avec une couleur différente et en ont 4 de long, leur poids aussi s'est accru de 14 fois ce qu'il était ;

ils paraissent d'une teinte moins foncée et ont la tête droite : en ce moment l'air d'abord leur est plus nécessaire que la nourriture.

Lorsqu'ils sont en grande partie éveillés, on les sort de dessus les litières ; à cette mue ils ne doivent pas être levés tous ensemble, c'est un inconvénient qui établit encore des différences entr'eux et les rend plus inégaux ; on étend sur eux de petits rameaux de mûrier qui se couvrent bientôt de vers, alors on enlève ces rameaux et on les dépose sur les claies préparées pour les recevoir, mais dans le milieu seulement.

Cette opération doit se faire lestement et délicatement : nous avons dit plus haut que Mme Lavigne se servait de réseaux, on doit aisément comprendre les facilités que donne leur emploi, ces réseaux ajustés à deux baguettes, se posent sur les vers, on y répand des feuilles et non plus des rameaux ; lorsque les vers ont passé sur ces feuilles, on les enlève avec les réseaux pour les transporter sur les tables propres, et on leur donne un repas, une ou deux heures après.

Ceux qu'on lève les derniers ne doivent pas être placés sur la même table que les premiers, on procède à leur égard comme pour les précédents.

On nettoie ensuite la table de dessus laquelle on a ôté les vers à soie : cette opération est des plus faciles si l'on a de petites claies de roseaux, comme nous l'avons indiqué ci-dessus, 2me Partie, n° 2 ; elle est longue, incommode et malpropre si les claies ne peuvent pas être facilement déplacées.

L'espace nécessaire à une once de vers à soie qui était de 4 pieds carrés à la précédente mue, est de 16 à celle-ci ; le degré de chaleur doit être entre 19 et 18.

Les repas se réduisent à 4 par jour, de 6 heures en 6 heures, les premiers sont moins copieux : à chaque repas on élargit les rangs et on égalise les vers.

Le deuxième jour ils prennent une couleur plus claire, de teinte grise avec deux lignes courbes sur le dos, leur tête grossit et blanchit ; ils ont plus d'appétit à la fin de la troisième journée ; cet appétit diminue après la quatrième : arrivent ensuite les jours de sommeil et de seconde mue.

3me AGE.

Pour cet âge on couvre encore les claies de papier les premiers jours ; il faut 36 pieds carrés à une once et la température doit être à 18 degrés.

On attend pour lever les vers à soie de dessus leur litière, qu'ils soient à peu près tous éveillés, quoique la différence de cet état entre les uns et les autres soit d'une journée, et qu'une partie ne s'éveille que le neuvième, l'autre le dixième jour : on peut les laisser 30 heures sans feuilles fraîches.

La couleur qu'ils prennent à cette mue est toute différente des précédentes, on procède pour les lever comme aux âges antérieurs. S'il était resté quelques vers dans les litières, il faudrait les ramasser et les reporter dans la partie la plus chaude de l'atelier, où ils finiraient leur mue ; on règle les repas comme pour l'âge précédent, ayant toujours soin d'étendre les feuilles bien également pour qu'il ne reste pas un seul ver privé de nourriture, ce qui retarderait sa mue.

Le premier jour ces repas sont moins copieux que le second et le troisième, puis ils diminuent le quatrième et le cinquième ; les vers se vident plus visiblement que pour les précédentes mues, et inclinent à s'assoupir, tenant la tête levée comme pour indiquer un besoin d'air ; s'il y a des parties de claies où quelques vers à soie ne soient pas encore assoupis, tandis que le surplus le serait, il faut continuer de leur donner des feuilles légèrement, afin de ne pas trop surcharger de litière les autres.

Le sixième jour les premiers assoupis commencent à s'éveiller ; ainsi se termine le troisième âge dans lequel ils ont pris un développement sensible.

4me AGE.

Pour cet âge l'atelier doit être tenu à 17 degrés, à cette époque la température extérieure est souvent plus élevée, suffoquante, humide, chargée d'électricité, et devient très-pernicieuse aux vers à soie ; dans cette circonstance le système calorifique de M. Darcet est très-avantageux, puisqu'on peut aussi facilement refroidir qu'échauffer, produire l'humide ou le sec, et former des courants d'air.

C'est à cette mue ordinairement que l'on transporte les vers à soie dans le grand atelier, qui doit être proportionné à leur quantité, car il y aurait des inconvénients à ce qu'il fût trop grand ou trop petit.

Il ne faut encore lever les vers de dessus la litière, que lorsqu'ils sont presque tous éveillés, retardant un peu les premiers comme à la précédente mue.

On procède de la manière indiquée plus haut, on place les vers sur les nouvelles claies dans le milieu de manière à n'occuper que la moitié de leur largeur, afin qu'ils puissent s'élargir à chaque repas, ce qu'ils font à peu près euxmêmes à cette mue ; les derniers éveillés se placent toujours dans la partie la plus chaude de l'atelier.

On suit le même ordre de repas en les proportionnant au besoin et à l'appétit ; au deuxième jour les vers grossissent beaucoup, le troisième les repas doivent être plus copieux, plus encore le quatrième ; ils diminuent le cinquième, il n'en faut le sixième qu'aux vers qui ne dorment pas, et point le septième, qu'ils commencent à s'éveiller.

5me AGE.

L'éducation des vers à soie touche à sa fin, ils prennent toute leur grosseur, à cette époque les soins doivent redoubler, les chances augmentent ainsi que la dépense ; la plus grande surveillance doit être exercée pour que l'atelier soit, jour et nuit, tenu dans un état de température, de ventilation, de pureté et de sec convenables, un instant de vapeur méphitique, de touffeur, de fermentation, d'électricité, fait perdre toutes les espérances de l'éducateur, et ces accidents semblent être amenés par les transsudations des vers, plus abondantes à cet âge qu'aux précédents, par la quantité de feuilles apportées dans l'atelier et encore par l'état de l'atmosphère.

Soit qu'on emploie, pour activer les courants, des feux clairs, suivant la méthode de M. Dandolo, soit le moyen indiqué par M. Darcet, on ne doit pas cesser d'être en surveillance, de visiter tout l'atelier, de consulter le thermomètre, le baromètre et l'hygromètre, de sortir et rentrer pour juger de la pureté de l'air, n'oubliant point qu'elle décomposition considérable s'en fait à chaque instant, par la quantité de vers que renferme cet atelier.

Ceux d'une table de la mue précédente, doivent en contenir deux à cette dernière.

La température de l'atelier doit être à 16 degrés.

Cet âge s'appelle la *briffe*; sa durée est plus ou moins longue suivant l'espèce, et encore d'après la bonne tenue de la graine pendant l'hiver, la régularité de l'éclosion et le degré de chaleur maintenu dans l'atelier. Pour les gros dits de la Chine elle est de 10 à 12 jours, et pour les petits nankins dont nous nous occupons, elle n'est ordinairement que de 8.

C'est alors que se fait la plus grande consommation des feuilles, elles sont données plus épaisses et les repas plus multipliés; le 4me jour l'appétit des vers est encore très-vif, il diminue le 5me, et on nettoie les litières entre les repas.

Dans les derniers arrangements de ces vers, il faut les disposer de manière que les plus avancés soient sur les tables élevées, et ceux qui le sont moins sur les plus basses; si on s'est servi de réseaux pour les lever, on ne les laisse plus dessous et on les retire.

Le 6me jour les repas diminuent davantage, et les vers commencent à devenir transparents et jaunes, quelques-uns ne mangent plus avec voracité, à la fin de la journée leur poids et leur corpulence qui avaient toujours augmenté, diminuent, et déjà il faut des bouquets, dans le haut de l'atelier, pour les avant-coureurs qui font leurs cocons.

Le 7me jour, les effets commencés le 6me continuent ; on fera bien alors d'employer les feuilles les moins aqueuses.

C'est le 8me jour que les vers à soie complètent la période de cet âge, pour former leurs cocons ; on le reconnaît aux caractères suivants : 1° les insectes montent sur les feuilles sans les manger, haussent la tête comme pour chercher autre chose ; 2° les regardant horizontalement au travers de la lumière, on les voit transparents couleur blanc doré ; 3° ils marchent sur le bord des claies, se déplacent, montent par les crémaillères ; on doit alors leur fournir les moyens d'établir leurs cocons et y avoir disposé des tables, afin que ceux qui doivent monter ne perdent pas leur soie en courant et en cherchant. Ceux dont les anneaux rentrent et la peau du cou se ride, sont déjà en souffrance et ont besoin d'être mis sur le bouquet où ils ne peuvent pas monter.

§ VI. — DE LA MONTÉE DES VERS A SOIE.

On a de petites haies préparées d'avance entre des baguettes fendues et de petits fagots liés par le bas, faits de plantes de colza ou de petits bois secs : tels que le genet et la bruyère, ou de petites branches de châtaigner ou de chêne feuillées et sèches ; aussitôt qu'on aperçoit que les vers veulent monter, on se hâte d'en garnir les tables, le moindre retard serait préjudiciable.

Il faut commencer cette opération par le haut, et c'est ordinairement la table sous le plafond qui est destinée aux avant-coureurs de toutes les autres : cette disposition est nécessaire afin que les bouquets, en appuyant contre le plafond, soutiennent les claies, que les bouquets de dessous feraient soulever sans cette précaution ; il est d'ailleurs plus facile de soigner dans le bas les vers qui ne sont pas arrivés à leur terme, et si ceux qui montent les premiers étaient dans le bas, ils iraient dans les tables des autres; c'est pour cela que déjà nous avons indiqué le placement des vers, à la dernière levée, du haut en bas, dans l'ordre de leur avancement.

Pour mettre une table en bouquets, on commence à ajuster, à l'un des bouts, une première haie en rentrant le pied et les extrémités des branches entre les tables et rendant le milieu cintré, on place ensuite de petis fagots en droite ligne à 40 centimètres de distance environ de cette première haie, de manière à former une double voûte, après cela une seconde haie dans le même sens que la première, à même distance des fagots, ensuite une seconde ligne de fagots, puis une troisième haie et ainsi de suite jusqu'à l'autre bout de la table, en observant de finir par une haie qui soit tournée en sens différent des autres, afin que les sommités des branches soient au-dedans de la table. Ces haies et ces fagots doivent être en éventail, ne pas gêner la circulation de l'air, et cependant être placés de manière que les vers puissent passer dans le haut de l'un à l'autre, y travailler commodément, ne pas se trouver exposés à être suspendus au bout de quelques branches flexibles où ils périraient. L'alternative de haies et de fagots est dans le double but: 1° que les vers à soie qui veulent monter ne soient pas exposés à trop courir, ce qui arrive lorsqu'on ne garni ses tables que de fagots; 2° et de pouvoir les soigner, les placer près des bouquets ou dessus et nettoyer les tables, ce qui est difficile lorsqu'elles ne sont garnies que de haies.

On fait monter les vers à soie de trois tables aux bouquets de deux; une opération nécessaire et ennuyeuse est le nettoiement des tables entre les bouquets. Plus que jamais cependant il faut renouveler l'air, sécher et approprier l'atelier.

La température à laquelle il doit être tenu est encore de 16 degrés.

Tant qu'il reste des vers à soie sur les claies, il faut leur donner constamment quelques feuilles à manger, puis les nettoyer et toujours les approcher du pied des bouquets pour qu'ils y montent, ou les placer dessus s'ils n'ont plus assez de vigueur pour monter seuls; observant de ne pas faire de méprise : car si on mettait dessus, un ver qui aurait encore besoin de nourriture, il redescendrait pour la prendre ou périrait sur le bouquet où on l'aurait mis trop tôt.

Les premiers montés mouillent et incommodent ceux qui restent, ce qui oblige de sortir ces derniers, et de les transporter sur une table séparée et dans un appartement sec, afin qu'ils y reprennent des forces et de la vigueur.

Après cela on nettoie définitivement les tables sur lesquelles il ne reste plus de vers à soie, et s'il en tombait des bouquets on les porterait avec les autres qu'on a sortis.

A la fin, les vers qui ont perdu leurs forces sont lavés à eau courante sans les toucher, séchés et mis dans une corbeille pleine de copeaux à rubans, ou de feuilles sèches; on appelle cette corbeille l'hôpital, ils y font leurs cocons.

Nous n'avons pas parlé des maladies des vers à soie dans leurs différentes mues et à la montée, parce qu'avec les soins, l'organisation de la Magnanerie, la forme de tables que nous indiquons et de bonnes feuilles, elles doivent être évitées, et que le peu de vers qui seraient malades, ou en retard, devraient être jetés.

§ VII. — DES COCONS.

Lorsque les cocons sont formés, les vers se transforment en chrysalides, ce qui s'accomplit en 4 jours; on peut déjà ouvrir et approprier l'atelier dès le 2me jour, et on décoconne le 6me.

Pour décoconner on sort les bouquets de dessus les tables en commençant par les premiers formés; il ne faut pas les jeter du haut en bas : on doit les descendre avec précaution pour que ni les vers qui peuvent avoir péri, ni les chrysalides, ne s'écrasent pas, ce qui tacherait les cocons; il faut ensuite sortir tous les cocons des bouquets, les choisir et les mettre en qualité distincte dans des corbeilles séparées. Ceux dans lesquels deux vers à soie se sont renfermés ensemble et qu'on nomme *doublons*, doivent être mis à part soigneusement; les imparfaits et les tachés forment une dernière classe.

Chaque jour, jusqu'à la naissance du papillon, le poids de ces cocons diminue un peu: la nouvelle métamorphose de l'insecte a lieu, ainsi que nous l'avons déjà dit, de 15 à 20 jours après la précédente, suivant le degré de température dans laquelle on les tient.

Au temps assez court qui est laissé pour les dernières opérations, on doit concevoir que l'on ne peut pas avoir dans un atelier des vers à soie d'âges trop différents; mais aussi que si tous montaient ensemble, on ne pourrait pas suffire aux soins qu'il faut donner à chacun.

Après avoir mis à part des cocons pour la graine de l'année suivante, on vend les autres ou on les fait filer de suite, et d'abord sans faire périr les chrysalides; mais dès que l'on craint que les papillons paraissent, on les fait étouffer ou dans un four chauffé entre 60 et 70 degrés, (ce que les gens habitués constatent avec du papier, lorsqu'ils n'y roussit plus), ou au bain-marie dans un vase qu'on met dans un autre, contenant de l'eau bouillante, ou à la vapeur, dans un panier, ou sur une claie, recouvert d'un linge placé au-dessus de cette chaudière, ou au soleil, mais sous notre climat ce dernier moyen ne réussit pas; le plus employé est d'étouffer au four; le plus convenable paraît être la vapeur (1). Pour s'assurer si la chrysalide est morte, on ouvre toujours un cocon et on retire les autres dès que l'on reconnaît que l'effet est produit; les cocons ensuite étendus sur des claies sont remués et visités souvent.

---

(1) M. Gensoul a imaginé pour cette opération une armoire dans laquelle on introduit la vapeur; ce perfectionnement lui a valu une médaille.

La différence constatée par M. Dandolo, entre les cocons non étouffés et ceux qui le sont, est la suivante : 1000 onces de cocons parfaits, avec la chrysalide vivante, se décomposent ainsi : poids des chrysalides vivantes, 842 onces ; dépouille des vers lors de leur changement en chrysalides, 4 onces et 1/2 ; cocons purs, 153 onces et 1/2.

1000 onces de cocons calcinés, sans tache, se décomposent en chrysalides et en autres substances sèches, du poids de 642 onces ; et cocons purs, 358.

Les résultats dans notre pays ne sont pas en rapport exact avec ces calculs ; les cocons diminuent moins dans l'opération de cette calcination, la perte n'y va qu'aux 4/10 : c'est une preuve de leur bonne qualité.

Une autre preuve non moins positive de cette bonne qualité est encore fournie par ce même auteur, il a reconnu que la matière soyeuse des cocons de ses ateliers était d'un 7me, et que cependant on n'a pu en obtenir qu'un 12me dans les filatures ; chez nous malgré les mauvais procédés de filature on a généralement 1/10, et on fait presque toujours une livre de soie ou avec 10 livres de cocons non étouffés, ou avec 6 de cocons étouffés.

La supériorité de nos cocons est constatée aussi par diverses expériences comparatives, d'après lesquelles, on n'en a trouvé dans aucune partie du Dauphiné qui leur fût préférable. Nous signalons le mal qui avait causé le discrédit de nos soies et le moyen d'y remédier plus complétement au paragraphe suivant.

§ VIII. — DE LA FILATURE.

C'est là souvent l'écueil des soies de cet arrondissement : chacun fait filer ses cocons par des femmes qui arrivent de divers pays, et se chargent de cette opération moyennant un prix réglé à tant la livre.

L'intérêt de ces femmes est de filer vite pour gagner davantage ; lorsque le propriétaire n'a pas de l'expérience, elles ne font point de choix de cocons ; l'eau de leur bassine est quelquefois tiède, d'autres fois bouillante ; les fils sont instantanément de 5 à 9 cocons, plus ou moins, d'où il résulte que leur qualité et leur grosseur varient sans cesse.

C'est sur les petites quantités que ce mal est réel, et l'on en concevra toute la portée, si l'on considère qu'il se fait 660 nourritures, pour un total de 1047 onces et 1/2 de graines de vers à soie, comme quelques-unes sont de plusieurs onces, il s'ensuit que les autres ne peuvent plus être que d'une once donnant sept livres de soie, et de demi once en donnant trois livres et demie ; cinq ou six marchands achètent tous ces produits des petits ateliers, les assortissent le mieux qu'ils peuvent, les mettent en paquets par qualité et les vendent à Lyon.

Les propriétaires dont les nourritures sont de plusieurs onces, font choisir leurs cocons et soigner la filature ; souvent ils vendent leurs soies eux-mêmes aux fabricants de Lyon et quelquefois aux marchands de Belley ; elles sont très-recherchées.

La chaleur de l'eau doit être pour la battue des cocons de 75 à 76 degrés, et abaissée à 60 pour la filature.

Les tours en usage ont été améliorés, en ce qu'on y a adapté une mécanique appelée *la lunette*, tournant à volonté pour tordre les fils ; elle est garnie de deux filières dans chacune desquelles on passe réunis les brins du nombre de cocons, dont se compose chacun des deux fils dévidés ensemble. Cette mécanique étant placée entre les deux filières immobiles qui sont au-dessus de la bassine, et les deux qui sont au mouvement de *va-et-vient*, il en résulte qu'en la faisant tourner les fils qui traversent toutes ces filières se croisent, à chaque tour, deux fois l'un sur l'autre : une fois en avant et une en arrière, de manière qu'en dix à douze tours les fils se trouvent croisés 20 ou 24 fois.

Il doit exister moins d'intervalle entre la lunette et la bassine, qu'entre la lunette et le dévidoir, afin que les fils arrivent humides à la mécanique destinée à opérer leur torsion, et aient le temps de sécher avant d'arriver sur les deux bords des ailes du dévidoir.

Le croisement des fils, sur le dévidoir, est opéré par le mouvement de *va-et-vient*, garni de deux filières, mis en jeu au moyen d'une courroie passée sur deux poulies, qui sont adaptées l'une au tour et l'autre au mouvement même : ces poulies doivent être d'inégales grandeurs pour que le retour des mêmes révolutions soit plus rare.

Un double engrenage rend le travail de l'ouvrier employé à tourner moins pénible, et les mouvements du tour plus rapides et plus doux.

La belle soie des petits cocons *nankins* se file de 4 à 5 cocons choisis et soutenus, celle des autres, dits de la Chine, doit être de 3 à 4.

Les doublons sont toujours filés à part et très-gros, leur mélange avec les autres qualités, préjudicie beaucoup à la vente de la soie, et cause des déchets considérables ; leur valeur est moitié de celle des autres soies ; on en fait des bas.

Une filature devient le besoin le plus pressant de cette industrie : soit qu'on y appliquât les procédés par la vapeur d'après M. Gensoul, qui sont réputés les meilleurs, soit quelqu'autre système, toujours serait-elle une notable amélioration.

Cet établissement ne pourrait être monté que par une association, ou par une entreprise industrielle qui aurait à vaincre les habitudes locales et à faire des sacrifices.

Ces obstacles sont compris, et le Conseil d'arrondissement a demandé que des encouragements y fussent affectés ; l'avantage qui en résulterait ne se bornerait pas à cette localité, elle serait pour toutes celles où la soierie est un objet de travail ou de commerce ; c'est donc un bon emploi à faire de quelques fonds d'encouragement.

Nous espérons que ce vœu sera entendu, et que les éducateurs des vers à soie comprendront aussi qu'il est de leur intérêt d'appeler et de soutenir un atelier de filature, et y apporteront leurs cocons. Il s'agit d'une branche d'industrie qui doit exercer une grande influence sur la prospérité d'un pays cher à ses habitants, et tous doivent être jaloux d'y concourir.

§ IX. — DES BOURRES ET FILOSELLES.

Ces résidus sont généralement négligés, et celles de nos manufactures qui les emploient se trouvent dans la nécessité de les tirer du Piémont.

1° La bourre de soie est le duvet qui enveloppe le cocon et qui l'attache au bouquet, on néglige ici de la recueillir; quoique de médiocre valeur, elle entre dans les produits et augmente les bénéfices : bien nettoyée, cardée et filée, on s'en sert pour de gros tissus et pour la chapellerie.

2° La fantaisie se forme des débris qui s'attachent au balai qu'emploie le fileur pour battre les cocons dans la bassine, et aussi de ceux qu'il retire sur ses doigts avant que le fil de soie se détache bien net ; on fait bouillir ces débris pendant une heure dans de l'eau de savon, on les lave jusqu'à ce qu'ils rendent une eau claire, on les fait sécher au soleil, on les bat, on les carde et on les file au ruet ou au métier. La fantaisie se vendait à raison de 16 francs le kilogramme il y a quelques années dans le Piémont; elle a doublé de valeur en 1835.

3° Les résidus et peaux qui restent au fond des bassines, après qu'on a tiré la soie, doivent être préparés, cardés et filés de la même manière.

Les fils qui en résultent s'emploient à des couvertures et autres étoffes grossières.

4° La filoselle se fait avec les cocons réservés pour la reproduction, qui ont été percés par les papillons, et avec ceux imparfaits nettoyés des chrysalides, après qu'on leur a fait subir les préparations suivantes : 1° ils sont infusés dans l'eau tiède et pétris pendant plusieurs heures avec les pieds, ce qui leur fait éprouver uue légère macération, les amollit et enléve les taches; 2° ils sont ensuite développés, étendus et nettoyés à la main.

Quelques personnes filent ces cocons ainsi préparés, sans les passer à la carde, après les avoir mis sur une quenouille en forme de bonnet, les uns pardessus les autres; mais la filoselle est plus belle lorsqu'elle est cardée.

Ces divers produits étant employés par plusieurs de nos manufactures et fabriques, leur placement se trouve assuré, d'ailleurs ils peuvent toujours être utilisés pour plusieurs ouvrages en tricot ou en tissus dans l'intérieur des ménages, ainsi on a intérêt à les soigner.

TABLE.

FIN DE LA TABLE.

www.ingramcontent.com/pod-product-compliance
Ingram Content Group UK Ltd.
Pitfield, Milton Keynes, MK11 3LW, UK
UKHW021647130726
13696UKWH00004B/1452